零花钱
就该这样花

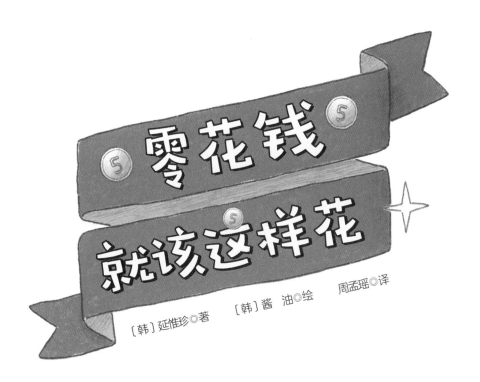

零花钱就该这样花

〔韩〕延惟珍◎著　　〔韩〕酱 油◎绘　　周孟瑶◎译

北京科学技术出版社
100 层 童 书 馆

作者的话

"听一百次讲解不如亲身实践一次。"让孩子试着自己管理零花钱，有助于培养孩子的经济头脑。管理零花钱也许是孩子平生接触的第一项与金钱有关的活动。这对孩子来说是必不可少的技能。

本书讲述的是上小学三年级的贤宇管理零花钱的故事。起初，贤宇因为冲动购买了不需要的东西，还因为玩抓娃娃游戏把一周的零花钱花光了。后来，在爸爸妈妈的帮助下，贤宇慢慢学会了管理零花钱，学会了理性消费。

擅于管理零花钱的孩子长大后通常具备较强的驾驭金钱的能力，因为成年人对金钱的管理主要体现在合理消费、适度储蓄等方面，这与孩子对零花钱的管理差别不大。

各位小读者，你们有了零花钱后，是不是也会像贤宇一样，进行不合理或冲动的消费？读了贤宇的故事后，你们或许能循序渐进地学会管理零花钱，成为和他一样理性消费的孩子。

我也想对正在看本书的家长说，当孩子试图进行你们认为的"不理性消费"时，请不要急于阻拦。你们可以同孩

哇！

特别的零花钱

子一起思考、讨论，对孩子的消费行为进行引导。对孩子来说，自己管理零花钱比"一百次讲解"更宝贵。这也是家长给孩子零花钱，让孩子自己去消费的原因。总之，家长千万不要剥夺孩子自己实践的机会，因为只有在实践中孩子才能不断成长。

　　各位小读者，跟着贤宇一起，学习如何管理零花钱吧！

延惟珍

1 和贤宇一起学习 管理零花钱

让你明智地管理零花钱的 **经济学知识**

和贤宇一起学习
管理零花钱

想要明智地使用零花钱，
我们需要积累很多经验。
无论是理性消费，
还是冲动购物，
都是我们宝贵的经验。
让我们跟着贤宇一起学习管理零花钱吧！

我有零花钱记账本，前进！

开启零花钱管理之旅！

崔贤宇

我在绿茵小学读三年级。

我喜欢吃面包。

我的梦想是成为一名西点师，

这样我就能专心制作

面包、蛋糕和饼干。

长大后，我要在全世界开"贤宇烘焙店"，

让全世界的人都品尝到我制作的美食。

爸爸和妈妈

爸爸和妈妈是这个世界上最爱我的人。

他们一直全心全意地鼓励我、帮助我。

他们支持我成为西点师。

我的朋友们

我在班上有很多朋友。

智秀和灿裕是两个淘气包，

他们经常想出各种稀奇古怪的点子。

多京很受大家欢迎，在我们班人气最高。

俊昊梦想成为全世界最好的厨师，

我和他是互相支持、互相鼓励、一起追求梦想的挚友。

智秀　灿裕　多京　俊昊

我有零花钱了

你好，我叫崔贤宇，很高兴认识你。今天发生了一件大事——我终于有零花钱了！你想知道这是怎么一回事吗？

今天我和妈妈逛街时，路过一家面包店，我发现橱窗里摆着一个满是奶酪的面包新品。我的梦想是当西点师，这个面包我可不想错过！我要多品尝各种口味的面包，研究面包的味道，这样长大以后当了西点师，才能研发出独一无二的面包。于是，我停下脚步，跟妈妈说了我的想法。禁不住我的软磨硬泡，妈妈给我买了一个面包新品。

我一回到家就马上咬了一口面包。可能是因为不饿，我发现它没有我想象中的好吃，于是就把剩余的面包放进了冰箱。

　　妈妈看着我，若有所思。

味道
不过如此！

没有我的吗？

"贤宇，你已经上三年级了，想不想要零花钱？从下周起，我给你零花钱，你自己来支配。你要慢慢学会合理地使用手里的钱。"妈妈说。

妈妈经常觉得我不珍惜他人的劳动成果，买来面包后咬两口就随便一放。确实，我只要缠着妈妈给我买，就能随时吃到面包，所以不太珍惜面包。

"以后每周给你30元。你可以用这些零花钱买你想要的东西。不过，你花的每一笔钱都要记录下来，知道吗？"

我响亮地回答："知道了！"

我高兴得要飞起来了。

30元！我即使每周都去面包店买一个面包，也能剩下18元。好好攒着这笔钱，我就不用买什么都伸手向妈妈要钱了！我可以买好看的衣服，还能和朋友一起去游乐园。哇，太开心了！下周一赶快到来吧！

我要买个超大的文具盒

终于到了周一。我出门前，妈妈按照约定给了我
30元。异常兴奋的我一到学校就向同学们炫耀起来。

"你们看，我有零花钱了！"

还没有零花钱的多京向我投来美慕的目光："现在
贤宇可以用自己的钱买东西了，真好呀。"

听了她的话，我得意极了，觉得自己像个大人了。

哇！

平时想买的各种东西一下子涌入了我的脑海。先买什么好呢？我思来想去，犹豫不决。突然，我看到了同桌灿裕的大文具盒，除了文具，它还可以装好多炫酷的卡片。我心想，我也要买个大文具盒，然后把我最喜欢的汽车模型放进去！

可是，买一个大文具盒至少要45元，而我每周只有30元零花钱，怎么办？

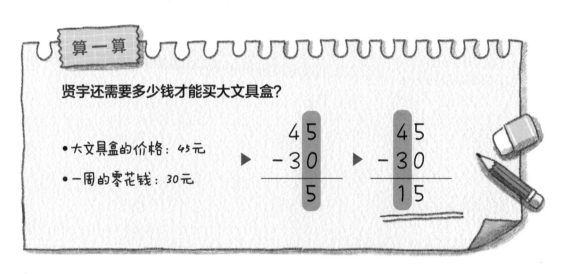

算一算

贤宇还需要多少钱才能买大文具盒？

- 大文具盒的价格：45元
- 一周的零花钱：30元

$$\begin{array}{r} 45 \\ -30 \\ \hline 5 \end{array} \qquad \begin{array}{r} 45 \\ -30 \\ \hline 15 \end{array}$$

我回到家，把我的烦恼告诉了妈妈。妈妈听了后，摇了摇头。

"贤宇，你为什么一定要把汽车模型放在文具盒里呢？放在小布包里也可以呀。"

　　可我想把汽车模型放进文具盒，这样我一打开文具盒，同学们就能看见！

　　看到我这么坚持，妈妈说："按照咱们的约定，给你的零花钱由你自己支配，你既然想买大文具盒就买吧，但是不能再要钱了。每周你可以得到30元零花钱，买大文具盒至少要攒两周的钱。"

　　唉，我还以为只要有了零花钱，就可以马上买任何想买的东西呢……

文具盒里的汽车模型！

见我一脸沮丧，妈妈似乎猜到了我的心思，说："并非有了零花钱就能买所有想买的东西。如果钱不够，你就要等到钱凑够的那天。为了买到想要的东西，你要学会忍耐。"

　　为了遵守和妈妈的约定，我决定忍耐，直到攒够买文具盒的钱。我把30元放进了存钱罐，每天都盼望下周快点儿到来！

贤宇的记账单

日期	事项	收入	支出	余额
9月8日	收到零花钱	30元		30元

抵挡不住抓娃娃游戏的诱惑

又是一个周一的早晨。因为担心上学迟到，我一路狂奔。我刚冲进教室，智秀就上前跟我搭话。

"贤宇，告诉你一个好消息，文具店昨天新上了好多东西！还有一台崭新的娃娃机呢！"

这么棒的东西我可不能错过！一放学，我就一路飞奔到文具店。

闪闪发光的娃娃机里尽是好玩的毛绒玩具和机器人。我盯着其中的钢铁侠玩具，眼睛都不舍得眨一下——我最喜欢钢铁侠了！

　　"贤宇，你不是有零花钱吗？可以玩玩这个，展示一下你的实力！"

　　智秀的话让我眼前一亮。玩1次抓娃娃需要3元。这周我拿到了30元零花钱，所以我最多有10次挑战的机会。要不玩3次试一下，看看能不能抓到？至少能幸运地抓住1次吧！文具店里类似的钢铁侠玩具售价30元，说不定我只花9元就能抓到1个呢。剩下的21元和存钱罐里的钱合在一起，足够买大文具盒了。嗯，这个主意不错……钢铁侠玩具和大文具盒就都能到手了!

然而,我试了2次,娃娃机的爪子都只在钢铁侠玩具的周围晃来晃去,却没有抓起它。我开始紧张起来。第三次、第四次、第五次……娃娃机的爪子这几次都抓住它了,但总是抓不紧,在空中无力地开合着。

"啊,夹住了!"在一旁观战的智秀手心捏着一把汗,紧张地喊道。

这一次,娃娃机的爪子被钢铁侠玩具夹住了。啪!钢铁侠玩具一动,再次从爪子上掉了下去。

我垂头丧气，再次把手伸进口袋，顿时吓了一跳：这周的零花钱不知不觉已经花光了！

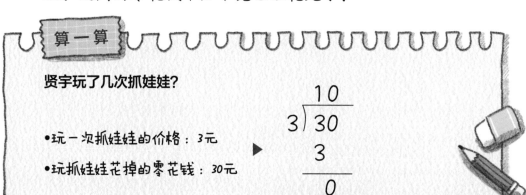

算一算

贤宇玩了几次抓娃娃？

•玩一次抓娃娃的价格：3元
•玩抓娃娃花掉的零花钱：30元

▶

$$\frac{10}{3 \overline{)30}}$$
$$\frac{3}{0}$$

想一想

赌运气的消费不是明智的消费

抓娃娃是一种成功率很低的游戏。你可能玩100次都抓不到几个。你以为多试几次肯定能抓到玩具，但绝大多数时候你都在白花钱。你即使碰巧抓到了一个，也不过是运气好罢了。

这种赌运气的消费是非常不明智的，因为好运降临的概率因人而异，大多数人都没有那么幸运。所以，你如果想要什么东西，就老老实实花钱买吧！

哎呀，糟了！不但没抓到钢铁侠玩具，还要再等一周才能攒足买大文具盒的钱。零花钱记账单上的余额再度回到30元。我以后再也不把钱花在玩抓娃娃游戏上了！

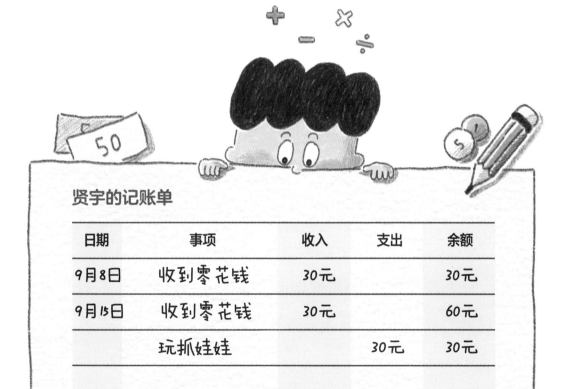

贤宇的记账单

日期	事项	收入	支出	余额
9月8日	收到零花钱	30元		30元
9月15日	收到零花钱	30元		60元
	玩抓娃娃		30元	30元

 # 不明智地买了大文具盒

上周因为玩抓娃娃游戏把一周的零花钱都花光了，我一个面包也没买，自然大文具盒也没买。所以，这周一拿到零花钱，我就拿着存钱罐跑到文具店了。

"您好，请把那个文具盒拿给我！"

我看都没看，直接要了和灿裕的文具盒一样的文具盒。从这周收到的零花钱里拿出15元，再加上存钱罐里的30元，我一共付了45元，终于买下了这个文具盒。

我足足期待了3周的大文具盒终于到手了！我不禁哼起了歌。接着，我又用剩下的零花钱买了一个12元的

面包。我本来想再吃一个，但还是忍住了——手里的
零花钱不够再买一个面包了。

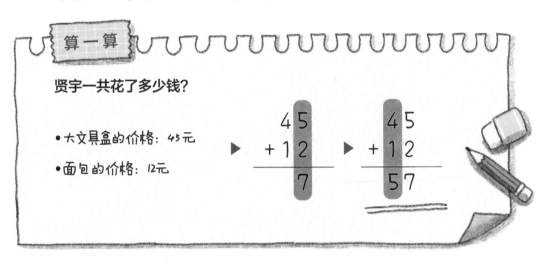

算一算

贤宇一共花了多少钱？

• 大文具盒的价格: 45元

• 面包的价格: 12元

$$45 + 12 = 7$$ ▶ $$45 + 12 = 57$$

　　我还没开心多久，问题就来了。到家后我发现，
新文具盒根本放不下我的汽车模型！灿裕的文具盒里
放的是卡片，所以看起来很"宽敞"，实际上它比
我以为的矮得多。

　　我想起了文具店售卖的另一个
文具盒，它的大小好像比较合
适。但我不能去退换了，因为
文具盒的包装已经被我拆坏
了，我也把我的名字贴贴在文

太挤了！

崔贤宇

具盒上了。都怪我自己，当时一心想在同学们面前炫耀，兴奋过度了。早知道这样，还不如直接买30元的钢铁侠玩具。哎呀，这可怎么办？

我沮丧极了。这时，妈妈走了过来，给了我一个漂亮的小布包。妈妈说不能再换文具盒了，但可以把汽车模型放在小布包里。小布包比文具盒轻得多，并且可以放很多汽车模型——我一下子就喜欢上它了。

"凭一时冲动盲目购物，往往会对买到的东西不满意，可这时钱已经花出去了。所以，你以后买东西的时候一定要考虑清楚。"

听了妈妈的话，我特别后悔：为什么非要跟灿裕买一样的文具盒呢？如果我当时仔细考虑是否真的需要新文具盒以及什么样的文具盒更合适，那么这笔钱可能花得更有意义。以后我决不冲动购物了，买东西之前一定会想清楚。

想一想

考虑机会成本

贤宇如果不花45元买大文具盒，会怎么样呢？他可以花30元买钢铁侠玩具，用剩下的15元再买一个面包。像这样因为购买某件商品而放弃其他商品所付出的代价，就是机会成本。

因此，买东西的时候一定要仔细观察商品并考虑机会成本，这样才不会后悔。

贤宇的记账单

日期	事项	收入	支出	余额
9月8日	收到零花钱	30元		30元
9月15日	收到零花钱	30元		60元
	玩抓娃娃		30元	30元
9月22日	收到零花钱	30元		60元
	买大文具盒		45元	15元
	买面包		12元	3元

选什么样的生日礼物？

  周一早上我一进教室，坐在我后面的多京就来找我，给了我一张漂亮的邀请函，原来她邀请我去参加她的生日派对。

  收到她的邀请，我很高兴。现在我有了零花钱，可以随意挑选和购买礼物，不用再问妈妈的意见了，所以我特别兴奋。

  放学后，我直奔家门口的文具店。我已经想好送多京什么了！多京很喜欢做手工，她常常跟我说想拥有一支3D打印笔，所以3D打印笔就是最好的礼物！

可我来到文具店一看，最便宜的3D打印笔也要80多元。上周我买了文具盒后，存钱罐就空空如也了，所以3D打印笔根本不是我买得起的。唉……

我正在郁闷，突然看到了绘画颜料。对了，多京还喜欢画画。如果我送她一盒绘画颜料，她一定会很开心的！

可是，绘画颜料种类太多了：有专业款，有儿童款；有12色的，有24色的，有48色的；价格从15元到300元不等。

我苦恼不已。我当然想买最好的，但我一周的零花钱只有30元呀！这时，文具店老板走了过来。

"小同学，你没必要买48色的专业款。这种是给画家用的，对学生来说没必要，而且太贵了。用儿童款的颜料一样可以画出好看的画。"

听了老板的建议，我决定买儿童款。儿童款有15元的12色和21元的24色两种，我考虑了一下，最终选择了后者——颜色比前者多1倍，价格却只高6元。

除了绘画颜料，我还买了4元的素描本和2元的素描铅笔。

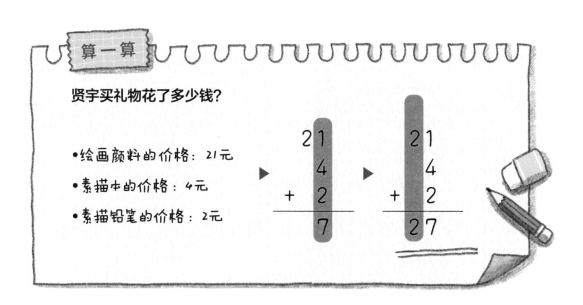

算一算

贤宇买礼物花了多少钱？

- 绘画颜料的价格：21元
- 素描本的价格：4元
- 素描铅笔的价格：2元

我付了30元，老板找给我3元。原来精打细算地花钱，能买这么多东西！想象着多京收到礼物后开心的样子，我不由得笑出了声。我大步流星地往家走，为自己这次明智的消费暗暗得意。

贤宇的记账单

日期	事项	收入	支出	余额
9月8日	收到零花钱	30元		30元
9月15日	收到零花钱	30元		60元
	玩抓娃娃		30元	30元
9月22日	收到零花钱	30元		60元
	买大文具盒		45元	15元
	买面包		12元	3元
9月29日	收到零花钱	30元		33元
	给多京买生日礼物		27元	6元

九月结算

	事项	金额		事项	金额
收入	收到零花钱	30元	支出	玩抓娃娃	30元
	收到零花钱	30元		买大文具盒	45元
	收到零花钱	30元		买面包	12元
	收到零花钱	30元		给多京买生日礼物	27元
	合计	120元		合计	114元
余额	6元				

本月总结

从这个月开始，我有零花钱啦！可惜我没能控制住自己，乱花了不少钱。

下个月的目标

拒绝冲动购物！

下个月我一定要精打细算地花钱。

谁选的礼物好?

33

虽然我送的礼物比智秀送的便宜得多，但是多京明显更喜欢我送的。

你怎么知道我想要
绘画颜料呀？

想一想

每个人的喜好都是不一样的

如果每个人的喜好都一样，会发生什么呢？服装店不再卖各式各样的衣服，只需要摆一种就可以了。但实际上，服装店有各式各样的衣服，长的、短的、红的、黑的……因为每个人喜欢的东西不一样。按照经济学的说法，每个消费者都有不同的偏好。

给别人买礼物的时候，需要考虑收礼物的人的喜好。智秀送给多京的生日礼物虽然很昂贵，也许智秀自己觉得很好，但多京并不喜欢。相反，贤宇仔细留意多京的喜好，他送给多京的生日礼物不算贵，但很合多京的心意。

收到特别的零花钱

今天是周六。我去了爷爷奶奶家，吃到了好多好吃的，和爷爷奶奶在一起非常开心。美好的时光总是转瞬即逝，不知不觉就到了回家的时间。

我依依不舍地和爷爷奶奶道别，这时爷爷走了过来，递给我一个信封。

"我们的贤宇都上三年级了，听说你已经有零花钱

不要乱花哟！

嗯！

了？真不错。来，这是爷爷给你的。"

我打开信封一看，里面有90元钱。这可相当于我3周的零花钱！而且这笔钱是爷爷给我的，它的意义可不一般！

我犹豫要不要把这件事告诉妈妈。妈妈如果知道了，会不会把这些钱拿走呢？可是，不告诉妈妈的话，我又觉得心里不踏实。最后，我还是决定告诉妈妈。

我担心的事并没有发生，妈妈没有拿走这些钱。

"这笔特别的零花钱就由你自己保管吧。"

哇，我太开心了！妈妈真好！这周本来就有30元的零花钱，现在又有一笔特别的零花钱进账。我该怎样利用这笔钱呢？这次我决不把钱花在玩抓娃娃上！

特别的零花钱

贤宇已经攒了多少钱？

• 九月的余额：6元

• 固定的零花钱：30元

• 特别的零花钱：90元

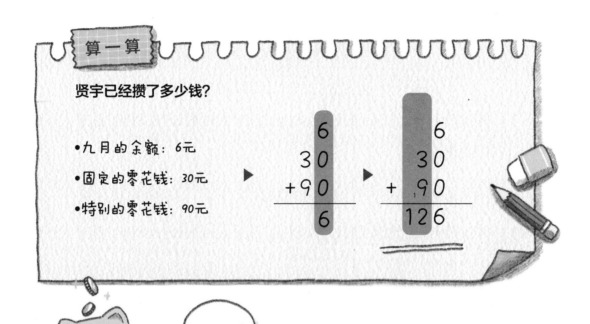

想一想

特别的零花钱更应该珍惜

小朋友有时会收到意想不到的零花钱——可能是在特别的日子里收到的，也可能是重要的长辈给的。这样的零花钱与每周或每月拿到的固定的零花钱不同，容易让人产生"白拿"的感觉并轻易花掉。获取钱的方式不同，花钱的方式也往往有差异。

其实，每周或每月收到的零花钱与特别的日子收到的零花钱是一样的。如何使用意外获得的零花钱才更有意义呢？我们可以将这笔钱攒起来，用它来实现一些愿望。

我突然灵机一动，想到一个好主意！我决定"出趟远门"，去全市最有名的面包店——极味烘焙店。品尝了这家店的甜点后，说不定将来我就能做出世界上最好吃的甜点，实现我成为世界知名西点师的梦想！极味烘焙店离我家很远，卖的甜点也比较贵，所以之前我根本没想过这件事。现在有了爷爷给的这笔零花钱，我可以好好地筹划一下了。

　　要想买到极味烘焙店最有名的蛋糕和马卡龙，我

需要攒至少180元。等攒够这笔钱，我就立刻出发！我把爷爷给的这笔特别的零花钱放进了存钱罐。

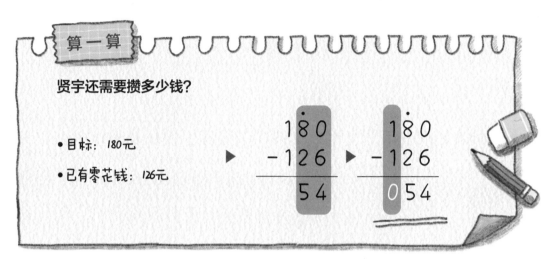

算一算

贤宇还需要攒多少钱？

- 目标：180元
- 已有零花钱：126元

$$\begin{array}{r} 180 \\ -126 \\ \hline 54 \end{array}$$

$$\begin{array}{r} 180 \\ -126 \\ \hline 054 \end{array}$$

贤宇的记账单

日期	事项	收入	支出	余额
10月1日	上个月的余额			6元
10月6日	收到零花钱	30元		36元
10月11日	收到特别的零花钱	90元		126元

找错的零钱

今天又是收零花钱的好日子！早上，我拿出小本子记录收到的零花钱时，突然觉得应该买一本记账本。我在现在用的小本子上记账时，经常需要画表格，整理账目烦琐、费时，并且这个小本子与其他本子的区别不明显。

放学回家的路上，我去了家门口的文具店。我想买一本漂亮的、有特色的记账本，但这家文具店里的记账本样式都很普通。

我考虑了一会儿，决定去问妈妈。

"妈妈，我想买一本记账本，但家门口的文具店里没有我喜欢的样式。哪里有各种各样的记账本卖呢？"

妈妈笑眯眯地说："今天和妈妈一起去南大门市场看看吧！"

一哇，这里真是应有尽有啊！

"哇，太好啦！"

我和妈妈乘坐公交车来到了南大门市场。这里真是应有尽有，各种商品琳琅满目，眼镜、皮包、衣服、玩具……我和妈妈一起来到了文具区，这里整条街都是文具店。

包装纸

横幅制作

礼盒制作

环保购物袋

塑料袋

必胜商社

西门包装

西门包装

阿通文具专营店

药

和平药店

药

和平药店

药

文具

"啊，我要那本！"

我在一家文具店里逛了一会儿，看到了一本令我满意的记账本。本子的封面上画了一辆红色跑车，抢眼极了。就是它了！价格只有12元，不算贵。

"妈妈，我要用自己的零花钱买。"

我拿起记账本，走到收款台前。我把从家里带来的30元给了老板，老板找给我21元。我有些困惑——

他好像找多了。

算一算

文具店老板应该找给贤宇多少钱？

- 贤宇付的钱：30元
- 记账本的价格：12元

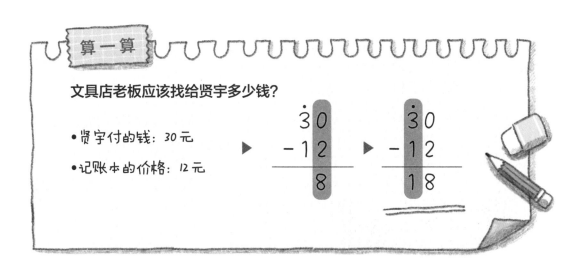

"您好，您找给我的零钱好像多了。"

听我这么说，老板看了看电脑屏幕，说："哎呀！跟其他东西的价格搞混了。小朋友，你算术很棒，人也诚实。谢谢你！"

听到老板的夸奖，我很高兴。妈妈也笑了，她是在为我骄傲吧。

在花钱上我学会了精打细算，今天的购物很成功。我第一次去南大门市场，不仅买到了漂亮的记账本，还得到了称赞！

市场有很多种

市场是商品买卖的场所，消费者在这里买商品，供应商在这里卖商品。如今，我们身边有传统市场、便利店、大型超市等各种各样的市场，购物网站也可以看作一种市场。

传统市场店铺众多，商品种类齐全，价格通常比较低，适合人们淘货。但传统市场往往设施陈旧，加上受到大型超市的冲击，来这里购物的人日渐减少。

▲ 传统市场

便利店是以"方便"为特色的店铺。便利店一般营业到很晚，在居民小区等人口稠密的地方比较多见。但是便利店里的商品种类不多，价格也比传统市场和大型超市的高。

▲ 便利店

大型超市通常采用连锁经营的方式，营业面积一般在2500平方米以上。大型超市设施完备，商品种类齐全，并且经常举办折扣力度大的促销活动。

▲ 大型超市

购物网站近年来发展迅速。消费者不必出门，通过电脑、手机就能购

▲ 购物网站

物，非常方便。不过，消费者无法看到实物，电商送货也需要时间，所以有些消费者在购物网站购物时比较谨慎。

贤宇的记账单

日期	事项	收入	支出	余额
10月1日	上个月的余额			6元
10月6日	收到零花钱	30元		36元
10月11日	收到特别的零花钱	90元		126元
10月12日	买面包		12元	114元
10月13日	收到零花钱	30元		144元
	买记账本		12元	132元

给爸爸帮忙，获得了奖励

今天是周五，爸爸休假，我们一家三口难得聚在一起。爸爸决定晚饭由他来做。在我看来，爸爸做的辣炖鸡块和面片汤是世界上最好吃的东西。我想，我喜欢烘焙，大概受了爸爸的影响。

离晚饭时间还有两小时，但我已经饿了，迫不及待地想吃饭。于是，爸爸对我说："贤宇，你想不想和我一起做面片汤？有未来的西点师帮忙，我一定可以很快做好晚饭。"

我点了点头，答应道："好！"

爸爸给了我一些水、盐和面粉，让我把面粉揉成面团，反复揉——这样做出来的面片才筋道。

做面片汤没有想象的那么容易。可能因为我没有经验，揉出的面团软软的。我使出了全身的力气揉面，不知不觉都出汗了。

我努力地揉啊，揉啊，终于揉好了面团。然后将面团静置了半小时，面团变得圆圆鼓鼓的。接着，我把面团揪成一片片的，放到爸爸准备好的汤里煮。好吃的面片汤就做好了。

我把盛面片汤的大碗像模像样地摆好，和爸爸妈妈围坐在餐桌前。我舀了一勺面片汤，尝了尝——味道棒极了。也许是因为我出了力，我觉得今天的面片汤格外香，妈妈也一个劲地夸我做得好，我心里乐开了花。

"多亏了贤宇，今晚的面片汤太成功了！"

吃完晚饭，爸爸居然给了我24元钱！他说这是对我帮他做晚饭的奖励。正因为这样，我觉

自己做的就是香！

得这笔钱比每周妈妈给我的零花钱更珍贵。我要好好

攒着这笔钱，把它用在真正需要的地方！

想一想

做家务一定要得到物质奖励吗？

　　贤宇帮爸爸做面片汤，出乎意料地得到了爸爸的奖励——24元钱。帮爸爸妈妈做家务是值得肯定的，不过，做家务一定要得到物质奖励吗？

　　爸爸妈妈可能因为你某一次的突出表现而给予你特别的物质奖励——这是对你的肯定。不过，做家务是家庭成员应尽的义务，是每个孩子在成长中必须经历的，不应该直接同金钱或其他物质奖励挂钩。况且，帮爸爸妈妈分担力所能及的家务，让他们看到你成长了、懂事了，是一件多么令人开心的事啊！

贤宇的记账单

日期	事项	收入	支出	余额
10月1日	上个月的余额			6元
10月6日	收到零花钱	30元		36元
10月11日	收到特别的零花钱	90元		126元
10月12日	买面包		12元	114元
10月13日	收到零花钱	30元		144元
	买记账本		12元	132元
10月17日	给朋友买饼干		14元	118元
10月20日	收到零花钱	30元		148元
10月24日	收到爸爸奖励的零花钱	24元		172元

# 我终于攒够了钱

我睁开眼睛，看到清晨的阳光透过玻璃窗照射进来。哈哈，今天又是收零花钱的好日子。只要有了本周的零花钱，我就可以实现去极味烘焙店的愿望。

"来，这是给你的30元零花钱。我们的贤宇终于可以去极味烘焙店了，妈妈祝贺你。"

听了妈妈的话，我别提多开心了。我这段时间努力攒钱，十分辛苦，现在好像一下子就得到了补偿。

我决定今天就去我一直想去的极味烘焙店！放学一到家，我就把存钱罐里的钱都取了出来，然后叫上好友俊昊。我们要一起坐地铁去弘大街，极味烘焙店

就在那里。我和俊昊是志同道合的好朋友：我想成为世界上最好的西点师，他想成为世界上最好的厨师。俊昊经常请我吃炒年糕，作为报答，我决定这次请他吃甜点。

我花2.5元买了去弘大街站的地铁票。这是我第一次在没有大人带领的情况下去比较远的地方，我既兴奋又紧张，心怦怦直跳。

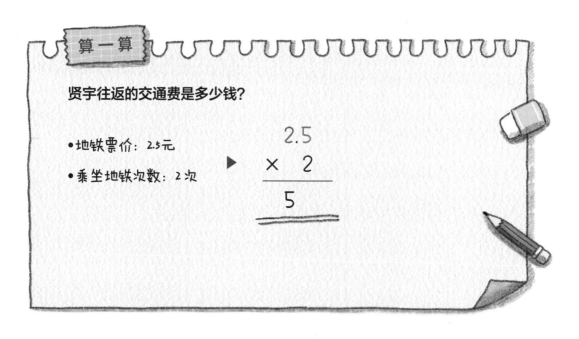

算一算

贤宇往返的交通费是多少钱？

• 地铁票价: 2.5元

• 乘坐地铁次数: 2次

▶
$$\begin{array}{r} 2.5 \\ \times\ 2 \\ \hline 5 \end{array}$$

地铁很快就到了弘大街站。我们又走了10分钟，终于到了目的地。我们还没进极味烘焙店的门，诱人的香气就钻进了我们的鼻子。

我们一进店，店员姐姐就注意到了我们。也许这里是大人常来的地方，店员姐姐看到我们两个小学生觉得有点儿奇怪。她拿着托盘和夹子向我们走来。

"请把选好的商品夹到托盘里，然后送到收款台。"

我这段时间努力攒的钱实际上并不多。我想买这家店的明星产品——草莓千层蛋糕和马卡龙，还想买解渴的饮料。1块草莓千层蛋糕36元，1个马卡龙21元，1杯牛奶18元。如果我和俊昊每人1块草莓千层蛋糕、1杯牛奶的话，那么我想带回家和爸爸妈妈分享的马卡龙就只能买4个了。唉，还是只买1块蛋糕，我和俊昊分着吃吧。

这时，我突然发现了极味套餐的宣传牌——2块草莓千层蛋糕、5个马卡龙加2杯果汁或牛奶，一共174元。这可比每种产品单独买划算多了。嘿嘿，我真是省钱小天才！

极味烘焙店的甜点味道果然名不虚传，跟我平时吃到的完全不同。俊昊可能也有同感，因为惊喜，他的眼睛都瞪大了。

极味套餐中的每一种产品单独买，总价是多少？

① 单独买

• 价格：36元

• 价格：21元

• 价格：18元

• 数量：2块

• 数量：5个

• 数量：2杯

▼

▼

▼

$$\begin{array}{r} 36 \\ \times\ \ 2 \\ \hline 72 \end{array}$$

$$\begin{array}{r} 21 \\ \times\ \ 5 \\ \hline 105 \end{array}$$

$$\begin{array}{r} 18 \\ \times\ \ 2 \\ \hline 36 \end{array}$$

② 总价

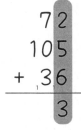

$$\begin{array}{r} 72 \\ 105 \\ +\ 36 \\ \hline 3 \end{array}$$

▶

$$\begin{array}{r} 72 \\ 105 \\ +\ 36 \\ \hline 13 \end{array}$$

▶

$$\begin{array}{r} 72 \\ 105 \\ +\ 36 \\ \hline 213 \end{array}$$

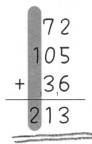

第一次用零花钱实现了一个以往难以实现的愿望，回家的路上我情不自禁地哼起了歌。我追求梦想的热情更加高涨，我一定要成为世界上最棒的西点师！我想我今晚会做一个好梦！

想一想

为什么套餐更便宜？

　　套餐作为捆绑销售的一种形式，与单独售卖的商品相比，价格通常低一些，因此很受欢迎。像贤宇这样用差不多的钱既买了蛋糕和牛奶，又多买了几个马卡龙，实在是明智的消费。

　　站在店家的角度，套餐既能让顾客满意，也能让销售额增加。一方面可以赢得很多回头客，另一方面可以树立良好的口碑，从而吸引更多的顾客。

　　不过，站在顾客的角度，如果你只想买蛋糕和牛奶，并不想买马卡龙，那么你就没必要多花钱买套餐。因为在这种情况下，买套餐是一种浪费的行为。不买不需要的东西才是合理消费的关键。

贤宇的记账单

日期	事项	收入	支出	余额
10月1日	上个月的余额			6元
10月6日	收到零花钱	30元		36元
10月11日	收到特别的零花钱	90元		126元
10月12日	买面包		12元	114元
10月13日	收到零花钱	30元		144元
	买记账本		12元	132元
10月17日	给朋友买饼干		14元	118元
10月20日	收到零花钱	30元		148元
10月24日	收到爸爸奖励的零花钱	24元		172元
10月27日	收到零花钱	30元		202元
	买地铁票		5元	197元
	买极味套餐		174元	23元

十月结算

	事项	金额		事项	金额
收入	上个月的余额	6元	支出	买面包	12元
	收到零花钱	120元		买记账本	12元
	收到特别的零花钱	90元		给朋友买饼干	14元
	收到爸爸奖励的零花钱	24元		买地铁票	5元
				买极味套餐	174元
	合计	240元		合计	217元
余额	23元				

本月总结

因为有爷爷给的特别的零花钱和爸爸奖励的零花钱，我这个月收到的零花钱特别多。不过，我没有乱花这些钱。我把这些钱攒了起来，花在了自己一直想做的事情上。

下个月的目标

除了买东西，能不能用零花钱做点儿别的事情呢？

我要用零花钱做一件更有意义的事情。

电子货币只有优点吗？

单价
饮料 4

应收 23

请收好您的卡和小票。

只需刷一下卡，眨眼之间，结账就完成了。

好方便呀！

俊昊像大人一样！

啊，掉了！

俊昊的脸一下子红了。他没想到他的卡余额不足。

再加上这包饼干吧。

抱歉，您的卡余额不足。

余额不足

啊？！

什么是电子货币?

电子货币是银行发行的一种具有消费信用功能的媒介,可以通过计算机网络系统转账结算等。

有了电子货币,你就不需要随身携带钱包,也不需要花时间去数出你要付的钱,并且很容易查找消费记录。

但是,电子货币也有缺点——付款时不用现金,往往会多花钱。所以,在使用电子货币的时候,你要养成经常查看余额的习惯,并且在付款前思考这次消费是否必要。

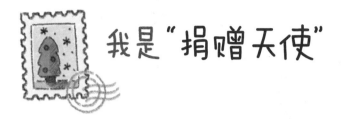# 我是"捐赠天使"

　　"要买新年邮票贴纸的同学，请到老师这里来。"

　　天气转冷，冬天来了。一下课，老师就把今年的新年邮票贴纸拿出来了。新年邮票贴纸每年年底发售，与普通的邮票类似，寄信的时候贴在邮票旁边。结核病协会会把新年邮票贴纸的销售收入用来帮助结核病患者。

　　"现在谁还寄信呀？买了也没什么用处吧。"

　　灿裕看着讲台上的新年邮票贴纸，嘟囔道。灿裕说的没有错，确实是这样。我记得我还是去年和爸爸妈妈旅行时在当地邮局寄过一次明信片。

再说，1套10枚的新年邮票贴纸需要18元，这比我一周零花钱的一半还多，对我来说可是一笔不小的开支。

坐在我身后的多京突然站起来，向老师走去。看来多京要买新年邮票贴纸。

"通过买新年邮票贴纸，我们可以帮助那些患了

结核病却没钱看病的人。我们既能得到好看的邮票贴纸，又能帮助有困难的人，这难道不是一件很有意义的事情吗？"

听了多京的话，我顿时来了精神。自从有了零花钱，对那些惹人喜爱的东西，我一直想买，但只是想

想一想

什么是捐赠？

捐赠就是把自己拥有的东西捐献、赠送给别人，比如有困难的人。通过捐赠来帮助别人是一件很有意义的事情。做好事获得的满足感跟买东西获得的满足感是截然不同的。

捐赠并不难。你不必像电视节目中的成年人那样捐一大笔钱。把小时候的衣服送给缺少衣服的孩子也是捐赠，购买一些生活必需品送给有困难的人也是捐赠。另外，提供免费服务也可以看作一种捐赠，例如，理发师免费为生活贫困的人理发，医生免费为没钱看病的人看病。你能否找到一种适合自己的捐赠方式，去做更多有意义的事情呢？

想而已，并不会真的都买。可是，如果能用零花钱帮助有困难的人……

于是，我跟多京一起买了新年邮票贴纸。这是我第一次买新年邮票贴纸。看着手里漂亮的贴纸，想到那些没钱看病的结核病患者又多了一线希望，我心里有说不出的高兴。

临近新年，我用手里的零花钱做了一件很有意义的事情。现在，请叫我"捐赠天使"。

贤宇的记账单

日期	事项	收入	支出	余额
11月1日	上个月的余额			23元
11月3日	收到零花钱	30元		53元
	买新年邮票贴纸		18元	35元

制订零花钱储蓄计划

我拥有零花钱已经有3个月了。起初，我禁不住娃娃机的诱惑，挥霍了一周的零花钱；我还购买了不合适的大文具盒，浪费了很多钱。

后来，我渐渐学会了克制，学会了攒钱，用零花钱做了一些有意义的事情。我去极味烘焙店品尝了自己想吃的甜点，通过买新年邮票贴纸帮助了结核病患者。我看着自己认认真真记的账，这3个月的事情就像电影画面一样在我脑海中闪过。

爸爸对我说："贤宇，你想不想把零花钱攒到一定数目后存到银行里？这样一来，有需要时你就可以用这笔钱啦。而且，把钱存进银行可以得到利息。"

听了爸爸的话，我意识到自己花钱一直没有长远计划：想买什么东西，就把钱花掉；在真正需要钱的时候，又因为没有钱而感到为难。就像多京生日那回，我真正想送她的是3D打印笔，但因为钱不够，我买不了。

看到我眼睛发亮，爸爸接着说："先算一算你每周要花多少钱，你就知道自己每周大约能存下多少了。只要设定一个储蓄目标，并坚持每周都存钱，你就会慢慢爱上存钱。"

如果只买面包和牛奶，一个面包12元，一杯牛奶6元，每周18元就够了。所以我可以每周存12元。如果我的储蓄目标是300元，每周存12元，差不多6个月我就能达成目标！

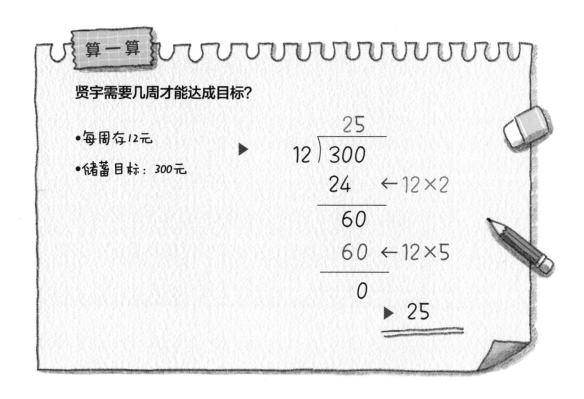

算一算

贤宇需要几周才能达成目标?

•每周存12元

•储蓄目标：300元

▶

$$
\begin{array}{r}
25 \\
12\overline{)300} \\
\underline{24} \quad \leftarrow 12\times2 \\
60 \\
\underline{60} \quad \leftarrow 12\times5 \\
0
\end{array}
$$

▶ 25

太棒了！比起盲目攒钱，有计划的储蓄可以让零花钱花得更有意义。从现在开始攒钱，到明年夏天，我就能攒够300元啦！这样，我就可以去游乐园玩了。游乐园，等着我！

贤宇的记账单

日期	事项	收入	支出	余额
11月1日	上个月的余额			23元
11月3日	收到零花钱	30元		53元
	买新年邮票贴纸		18元	35元
11月10日	收到零花钱	30元		65元
11月13日	买面包和牛奶		18元	47元
11月17日	收到零花钱	30元		77元
11月19日	给俊昊买生日礼物		23元	54元
11月24日	收到零花钱	30元		84元
11月25日	买面包		12元	72元

十一月结算

	事项	金额		事项	金额
收入	上个月的余额	23元	支出	买新年邮票贴纸	18元
	收到零花钱	120元		买面包和牛奶	30元
				给俊昊买生日礼物	23元
	合计	143元		合计	71元
余额	72元				

本月总结

我用零花钱买了新年邮票贴纸，为没钱看病的结核病患者尽了一份绵薄之力。这个月的零花钱花得非常有意义。

下个月的目标

既然制订了零花钱储蓄计划，我就一定要努力去完成。我会按计划每周存12元钱。

我有了自己的存折！

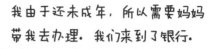

今天是去银行办存折的日子！

我由于还未成年，所以需要妈妈带我去办理。我们来到了银行。

银行的叔叔递给妈妈一份表格，请她填写相关信息。

谢谢！

我想办一张存折。

妈妈填完后，将表格交给银行的阿姨。

给您！

然后，银行的阿姨接过我攒了两周的零花钱。

如何通过储蓄来赚钱?

你可以把钱存在存钱罐里,也可以把钱存入银行。把钱存入银行有很多好处。银行不仅能保证你的钱安全,还能让你的钱变多。银行会将你存的钱借给需要用钱的个人或企业,同时按照利率支付给你相应的利息。也就是说,银行用了你的钱,要付钱给你。

如今,几乎所有银行都在智能手机或电脑端上线,提供"智能银行"服务,你足不出户就可以了解自己的账户信息并办理转账业务等,非常方便、快捷。

2

让你明智地管理零花钱的

经济学知识

钱是怎么产生的?

什么是消费?

商品的价格是如何确定的?

贵的一定是好的吗?

有了经济学知识,

管理起零花钱就容易多了。

我们一起来学习吧!

原料

加工

服务

果汁

消费

12元/杯

世界上最好吃的苹果，30元一个！

公主，这个苹果不仅贵得离谱，还长了虫！

购物狂公主

钱是怎么产生的?

钱，也就是货币，是为了方便商品交换而产生的。

很久以前，人们用贝壳等物品作为货币，这些物品被

称为 实物货币。

但是，实物货币
不方便随身携带……

而且很容易损坏。

后来，人们开始使用金属货币。
再后来，人们开始使用纸币。

如今，电子货币也被广泛使用。有了电子货币，人们就不必随身携带钱包了。

人们不必在收款台前数钱，只需将卡放在POS机上或使用智能手机就能支付。

用假币骗人的事情不会再有了。

也许在不远的未来，现金将被完全取代。

什么是消费？

我们在日常生活中需要很多东西。

环顾房间，你会发现你周围有很多不可或缺的东西，

比如食物、衣服、家用电器、家具等。

这些东西不是从天上掉下来的。
你需要付钱购买它们。

果园

加工厂

商店

但你需要的不仅仅是这些实物。

你需要去理发店
剪个好看的发型。

草色
美发

剪发50元
烫发300元
染发200元

管理零花钱的秘诀

你需要在学校或培训
班里学习知识和技能。

你的某种需要在这个过程中得到了满足，这种能满足你的需要的活动叫作 服务。当然，你得到服务也需要付钱。付钱买商品或服务的行为就是 消费。

无论购买商品还是购买服务，都是消费。

消费

商品的价格是如何确定的?

一件商品在被送到你手上之前，需要经历多个环节。我们以记账本为例。首先，伐木公司将木材送到造纸厂，造出的纸张作为制作记账本的原料。其次，文具公司买了纸，将其裁切后印上图画和文字，做成漂亮的记账本。最后，记账本被放在文具店里售卖。

木材（原料）

原料价值＋附加值＝0.06元

纸

0.06元＋附加值
＝0.6元

纸变成记账本，其价值会增加，因为设计和制作记账本需要投入大量人力和物力。

文具店老板从文具公司采购记账本，之后作为消费者的我们去文具店购买它们。消费者从文具店购买记账本的价格比文具店老板从文具公司进货的价格高。

这是因为，文具店老板装修店铺，从文具公司采购记账本，然后将其运到店里，这些都需要时间和金钱的投入。

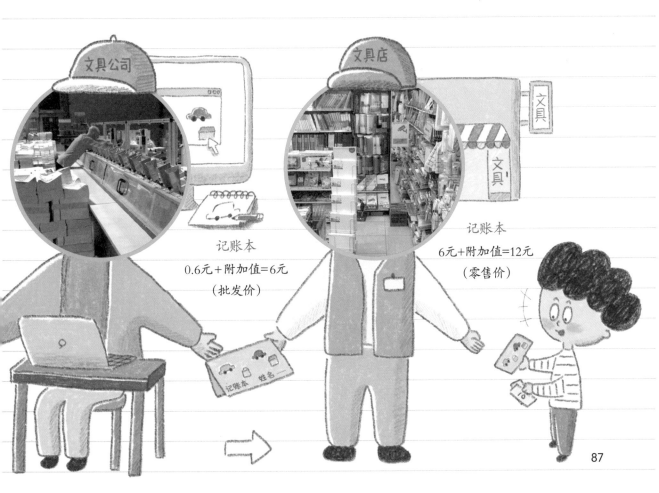

记账本
0.6元+附加值=6元
（批发价）

记账本
6元+附加值=12元
（零售价）

像这样，因为有人力和物力的投入，原料的价值增加了，
增加的这部分价值就叫作 **产品附加值**。

　　纸被制成记账本后送到文具店里。这个过程中产生的所有附加
值最终决定了记账本的 **价格**。

我们应该如何使用零花钱?

1 什么是零花钱?

零花钱是供零碎使用的钱，通常数额较小。

零花钱既可用于消费，也可用于储蓄。

消费

通过支付一定数额的钱得到
想要的商品或服务。

储蓄

把暂时不用的钱存入银行
等机构以备将来使用。

2 你买东西的时候需要考虑的问题

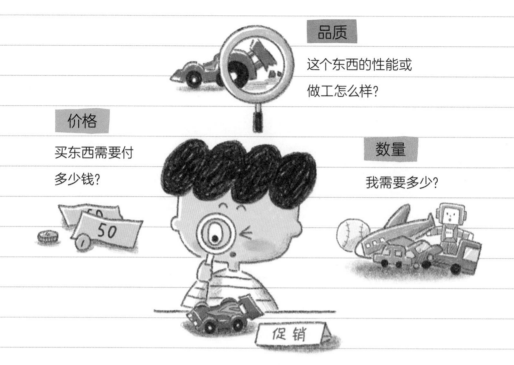

品质

这个东西的性能或
做工怎么样?

价格

买东西需要付
多少钱?

数量

我需要多少?

促销

3 在记账本上记录零花钱的收支情况

你可以用记账本做记录，使零花钱的收支情况清楚明了。

零花钱记账单

日期	事项	收入	支出	余额
收钱或花钱的时间	收钱或花钱的原因	收到多少钱	花了多少钱	还剩多少钱

每个月总结一次，这样零花钱的收支情况就一目了然了。

本月结算

	事项	金额		事项	金额
收入	收钱的原因	收钱的金额	支出	花钱的原因	花钱的金额
	合计			合计	
余额	将收到的钱的总额减去花掉的钱的总额				

将本月的记录与其他月的进行比较，然后制订下个月的零花钱管理计划。

本月总结

_____

_____

_____

下个月的目标

_____

_____

_____

延惟珍

曾在韩国庆熙大学主修传播学和经济学。在《首尔经济》担任过 10 年记者，之后在一家信息技术公司负责品牌沟通工作。现在致力于为儿童和青少年解读经济与产业发展。作品有《所以需要经济》（与他人合著）、《第四次产业革命改变世界》、《YouTube 探索生活》、《下班路上的人文课：新常态》（与他人合著）等。

酱 油

曾在环保公益组织担任平面设计师，现在是插画师。作品有《屁股奥运会》《月夜游泳池》《蛀牙妖怪》《阁楼外星人》等。梦想是成为一个爱画画的老奶奶。

오늘은 용돈 받는 날 (Today is the day I get allowance)
Copyright © 2021 by 연유진 (YOOJIN YEON 延惟珍), 간장 (Ganjang 酱油)
All rights reserved.
Simplified Chinese translation Copyright © 2022 by Beijing Science and Technology Publishing Co., Ltd.
Simplified Chinese translation rights arranged with PULBIT PUBLISHING COMPANY
through Eric Yang Agency, Inc.

著作权合同登记号　图字：01-2022-4826

图书在版编目（CIP）数据

零花钱就该这样花 /（韩）延惟珍著；（韩）酱油绘；周孟瑶译. —北京：北京科学技术出版社，2022.11（2023.6重印）
ISBN 978-7-5714-2552-4

Ⅰ. ①零… Ⅱ. ①延… ②酱… ③周… Ⅲ. ①财务管理-儿童读物 Ⅳ. ① TS976.15-49

中国版本图书馆 CIP 数据核字（2022）第 167410 号

策划编辑：周孟瑶		电　　话：0086-10-66135495（总编室）	
责任编辑：代　艳		0086-10-66113227（发行部）	
封面设计：果丹设计工作室		网　　址：www.bkydw.cn	
图文制作：沈学成		印　　刷：北京捷迅佳彩印刷有限公司	
责任印制：李　茗		开　　本：787 mm × 1092 mm　1/16	
出 版 人：曾庆宇		字　　数：41 千字	
出版发行：北京科学技术出版社		印　　张：6.25	
社　　址：北京西直门南大街 16 号		版　　次：2022 年 11 月第 1 版	
邮政编码：100035		印　　次：2023 年 6 月第 2 次印刷	
ISBN 978-7-5714-2552-4			

定　　价：68.00 元